JN118341

原発事故が
おきたらどうする?!
子どもを守るQ&A

NPO法人 原子力資料情報室
協力　NPO法人新宿代々木市民測定所

【もくじ】

原発事故から子どもを守りたいあなたへ

　2011年、「原発は安全だから事故が起こるはずがない」とされてきた日本で、東京電力福島第一原発事故が起こりました。多くの人々が日常を奪われ避難させられ、放射線に被ばくしました。福島県では当時子どもだった人のあいだで甲状腺がんが増えています。

　放射線に被ばくするほど、がんで死亡するリスクが高まることは世界の共通認識です。原発事故によって被ばくした人々は、のちに健康被害が発生したとき、「あの時の被ばくのせいではないか」「あの時、ああしておけばよかった」と後悔に苦しめられます。いつか何かが起こる可能性におびえてしまうのが、低線量被ばくによる晩発性障害※のしんどいところです。

　再び原発事故がおきたとき、子どもを守るためには何に気を付けてどんなくらしをすればよいか。それを知りたくても、原発事故を想定した防災マニュアルは書店にはありませんでした。そこでわたしたちは事故当時、原子力資料情報室に寄せられた原発事故に関する相談をもとに、将来に伝えたい当時の経験を加えて、災害時に子どもを被ばくから守るための具体的な行動のガイドになるものを目指してこの冊子をつくりました。

　検討するほどに、いまの日本の原子力災害対策指針では原発事故が起こってしまうと住民は被ばくを避けられないのだという厳しい現実を思い知らされます。

　事故を未然に防ぐには、原発や関連施設を稼働させないのが根幹です。脱原発を求めることと、明日来るかもしれない原子力災害に備えること。これを両輪として、子どもたちを被ばくから守っていきましょう。

※晩発性障害　放射線障害のうち、放射線に被ばく後、数か月から数年の潜伏期間を経て症状が現れる障害。がん・白血病・白内障・悪性貧血・老化・寿命短縮などがある。

放射性雲
大気拡散
重力による地表面への降下
降雨による地表面への降下

内部被ばく
吸入摂取
降下する放射性物質の吸入による内部被曝

外部被ばく
クラウドシャイン
放射性雲中の放射性物質からの外部被ばく

防護措置の実施
屋内退避、避難等

外部被ばく

原子力発電所

グランドシャイン
降下後、地表面に沈着した放射性物質からの外部被ばく

事故前	混乱期（目安：2週間〜数か月）
・原発との位置関係や、移動状況に気を付ける。 ・被ばくに対する考えや、原発事故が起きたらどう対応するか、事前に家族と話し合っておく。 ・防災リュックの点検をする。	**放射性物質の放出** **状況把握が困難で対策おくれも** ・何度も放射性物質の放出が起こり、降雨、風向きなどで状況が変化する。 ・甲状腺被ばくをもたらす放射性ヨウ素が境を汚染するもっとも被ばくしやすい時期。 ・大気や土壌、水や作物のどこがどれくら放射能汚染されているか把握できない。 ・汚染結果の公表や、出荷制限指示などの定には時間がかかるので、リアルタイムでばくを防ぐ最善の行動ができない。 ・水や食糧の配給に並んでいるあいだに被くした例もある。 ・この時期を被ばくせずに過ごすには、討的な準備が必要。 ・子づれで混乱期を乗り越えるのはたいへ遠くの安全な場所に避難できると安心。

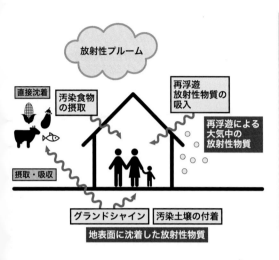

放射性プルーム

直接沈着

汚染食物
の摂取

再浮遊
放射性物質の
吸入

再浮遊による
大気中の
放射性物質

摂取・吸収

グランドシャイン　汚染土壌の付着

地表面に沈着した放射性物質

継続期（長期的　セシウム137は30年で半減）

放射性物質の放出終了
汚染状況が判明しだす　長期に汚染が継続

汚染の状況がわかりはじめる。原発から離れた場所でも
ホットスポット（高汚染箇所）が発見される。

緊急避難先から帰宅したら、まず生活環境の大掃除（除染）
と汚染状況の把握が重要。（帰宅しない選択も）

食品や飲み物は汚染レベルを調べてから利用の選択をす
る。これなら安心（産地、店舗、放射性物質濃度）という軸
があると良い。子育て世帯むけに、国の基準より厳しい基
準を満たした商品のみを取り扱う店舗や生協もあるので調
べる。

子どもが過ごす場所は放射線量が低い部屋にする。

放射線量が高い場所に長時間いるのを避ける。

原発の廃炉作業中でも放射性物質の放出が続く。

放射性物質の再浮遊と再降下は長期間継続する。

被ばくから子どもを守りつつも、子どもらしく過ごせる
ように、移住や保養も検討する。

原子力災害と自然災害のちがい

	原子力災害	自然災害
見た目で判断できるか	✕ ・放射能汚染や放射線は人間が知覚できない。 ・避難所が安全と限らない。 ・どれだけ被ばくしたか見た目ではわからない。	◯ ・風水害や地震は被害が見た目で判断できる。 ・台風や水害は気象情報で予測可能。 ・怪我や家屋の損害が証明しやすい。
影響が出るまでの時間	✕ 低線量被ばくによるがんはあとから発生する。	◯ その場で判明する被害が多い。
災害のおわり	✕ 放射能汚染は長期的に続く。被ばくすると将来の健康リスクが高まる。PTSDが継続する。	◯ 災害の終わりがはっきりとしていて復旧に取り組みやすい。
被災の受容	✕ 人災であれば、事故の被害を受け入れることはむずかしい。	△ 自然を畏怖する気持から、自然災害は比較的受入れやすい。
他の人と分かりあえるか	✕ ・被害が見えにくく考え方の違いから、他者との共感が得にくい。 ・「放射能がうつる」といった差別・いじめが発生する。 ・被ばくの不安は、復興の妨げになると批判され、口に出しにくい。	◯ ・わかりやすい被害には理解や共感が寄せられやすい。 ・自然災害によって加害者になりえるので、対立構造をうむ場合もある（飛ばされた瓦による損害など）

（福島原発事故の例）

放射線被ばく 防護の原則

外部被ばく
体の外から放射線をあびること

線量低減 外部被ばくの低減三原則

①離れる（距離）

離れると減る

②間に重い物を置く（遮へい）

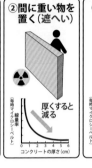

厚くすると減る

③近くにいる時間を短く（時間）

短くすると減る

具体的な対策
① 距　離：汚染地から避難（移住）する。室内なら窓や屋根から離れた場所で過ごす。
ホットスポットに近づかない。
② 遮へい：コンクリートの丈夫な建物に入る。
木造から鉄筋コンクリート造の建物に引越す。
③ 時　間：仕事や学校のために引っ越しは無理でも休日は非汚染地域で過ごす。（保養など）汚染された場所に行くときは長居をしない。

内部被ばく
体内に放射性物質を取り込むこと

線量低減 内部被ばく 原子力災害直後の対応
・原則は口、鼻、傷口から入らないように
・基準値以下の微量の放射性物質を過剰に心配して、食物の栄養バランスを崩さないように
・放射性物質の放出の情報に気を付ける
・土が身体、靴、服に付けばすぐに洗う

（出典）環境省,放射線による健康影響等に関する統一的な基礎資料
（平成 29 年度版）

具体的な対策
・汚染されたもの（分からないもの）を食べない。飲まない。吸い込まない。可能性があるものは良く洗って汚染部を取り除いてから使う。
・肌を露出しない（長袖長ズボン、帽子、マスク）
・傷口はバンドエイド等で覆う。
・チリや埃を室内に持ち込まない。
・水拭き掃除中心（微粒子の舞い上がり防止）。
・微粒子を除去できる空気清浄機を使用する。
・帰宅後すぐシャワーして服を洗濯（部屋干し）。

考えるためのヒント 測定の単位と意味

読み方 μSv マイクロシーベルト　mSv ミリシーベルト (1000 μSv=1mSv)　μGy マイクログレイ　Bq ベクレル

		よくみる単位	事故前のレベル	要注意レベル
空間 放射線量率 （外部被ばく）	μSv/h μGy/h	1時間あたりに受ける被ばく線量 1時間あたりに受けるエネルギー	0.1μSv/h以下 1年あたりに換算して一般人の被ばくは1年あたり1mSv以下	0.23μSv/h以上は除染実施地域
食品や 水の汚染 （内部被ばく）	Bq/kg Bq/L	1キログラム（リットル）のものから、 1秒間あたりに放射線が出る回数	農林産物は不検出が基本 （〜1 Bq/kg程度）	2012年以降の基準 一般食品100Bq/kg 牛乳、乳児用食品50Bq/kg 飲料水10Bq/kg
土壌 （土地の汚染）	Bq/kg 万Bq/㎡ （MBq/km²）	1キログラムの土壌や1㎡の面積の地面から、1秒間あたりに放射線が出る回数	セシウム137は150Bq/kg以下 （ほとんどは〜30Bq/kg）	＜参考＞ 放射線管理区域の表面汚染は4万Bq/㎡

子どもの育ちと 被ばく Q & A

胎児期

母体の被ばくは胎児に影響する
できるだけ被ばくを避けて

Q 母体が食べたものは胎児に影響する？

A はい。ヨウ素もセシウムもストロンチウムも
胎盤を通過して胎児へ移行します。

Q 母体が外部被ばくすると胎児も被ばくするの？

A します。放射線のうちガンマ線と中性子線は体を通り
抜けるので胎児まで到達します。

Q 胎児の影響は成長段階に影響される？

A 妊娠15週までは薬物の使用も含めてもっとも気をつけ
るべき時期です。

Q 胎児が被ばくした量はわかる？

A 放射線業務従事者の腹部表面の被ばく限度は、妊娠
期間にわたって2ミリシーベルト以下です。腹部の線
量が2ミリシーベルトを超えていなければ胎児の線量
も1ミリシーベルトを超えていないと考えます。胎児
の外部被ばく線量は母親の半分以下と考えてよいで
しょう。

Q どのくらい被ばくすると胎児に影響があるの？

A 原爆被ばく者の調査からは、流産、奇形は100ミリシ
ーベルト以上で影響するとされています。それ以下
の被ばく線量では中絶の理由と考えるべきではない
とされます。
胎児期に10ミリシーベルトの被ばくをすると出生後
にがんの確率が増加するという調査もあります。脳
神経系が発達する時期（8〜15週）の急性被ばくでは、
1グレイ（シーベルト）あたり、知能指数（IQ）が30ポ
イント下がるとされます。

原発事故で問題になる 主な放射性核種の例

ヨウ素131
半減期8日（1/1000になるまでに80日）
ベータ線とガンマ線を出す
甲状腺に集まる
内部被ばくに注意

セシウム137
半減期30.1年（1/1000になるまでに301年）
ベータ線を出してバリウム137mになり
ガンマ線を出す。
カリウムと似た性質をもつ
筋肉に集まる
長期的な外部被ばくに関わる

ストロンチウム90
半減期28.8年（1/1000になるまでに288年）
ベータ線を出してイットリウム90になり
さらに強いベータ線を出す
骨に取り込まれる
カルシウムと似た性質をもつ

トリチウム（水素3）
半減期12.3年（1/1000になるまでに123年）
ベータ線を出す
水素の同位体
DNAにも組み込まれる

半減期：量が半減するのにかかる時間。ヨ
ウ素131の場合、8日後に1/2、16日後に
1/4、24日後に1/8、32日後に1/16になる。

子どもの育ちと 被ばく Q & A

水道水も母乳も汚染される可能性あり
断水時にも活躍する
液体ミルクがあると安心

Q 放射能汚染された地域では、
母乳も汚染されるの？

A 母体が食事から取り込んだヨウ素の30%、セシウムの18%、ストロンチウムの20%が母乳に移行します（産後1週間の場合）。
2011年の調査では、福島県だけでなく茨城県と千葉県在住の人の母乳からも放射性ヨウ素が検出されました。東北だけでなく関東まで広く放射性物質で汚染されたからです。福島県内よりも県外在住者から高濃度が検出されましたが、この理由は、県内は直後のデータがないのと、原発から距離が離れるほど、被ばくを防ぐ対策がとられない傾向にあったからとみられます。

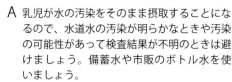

Q 粉ミルクをつくるとき、
水道水をつかって
いいの？

A 乳児が水の汚染をそのまま摂取することになるので、水道水の汚染が明らかなときや汚染の可能性があって検査結果が不明のときは避けましょう。備蓄水や市販のボトル水を使いましょう。
液体ミルクを備蓄しておけば、水や母乳の汚染を気にせずに授乳することができるのでおすすめです。自然災害での断水時にも役立ちます。備蓄の際は消費期限をよく確認しましょう。(23ページのデータも参照) しばらく母乳をあげないと母乳が作られにくくなり、授乳再開が困難となる可能性があります。汚染されている可能性があるときでも、搾乳はすることをお勧めします。

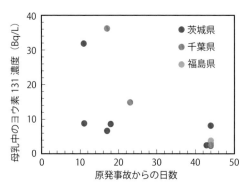

母乳中の放射性ヨウ素検査における検出数 (2011年)

	3月	4月	5月
福島県	－	1 / 20	0 / 1
茨城県	4 / 5	5 / 13	0 / 5
千葉県	1 / 2	2 / 5	0 / 1
埼玉県	－	0 / 1	－
東京都	－	0 / 7	－

（検出数 / 検査数）

（出典）Effect of the Fukushima nuclear power plant accident on radioiodine (131 I) content in human breast milk, Nobuya Unno et al, J. Obstet. Gynaecol. Res. Vol. 38, No. 5: 772–779, May 2012

液体ミルクの例
パウチは人肌で温めるのも簡単。缶や紙パックに直接取付可能な乳首も販売している。

福島原発事故後に行われた 市販のポット型浄水器の放射性物質除去率調査

商品名	ろ過材	除去率	
		ヨウ素 131	セシウム 137
LAICA（イタリア）　CAPRI	活性炭	78%	データなし
東レ　トレビーノ PT302	粒状活性炭＋イオン交換体	70-98%	84%
ブリタ（ドイツ）Navelia	活性炭＋イオン交換樹脂	79-83%	データなし
三菱レイヨン　クリンスイ 1CP002	中空糸膜（ポリエチレン）、セラミック、活性炭	71-97%	93%
パナソニック TK-CP11	活性炭＋セラミック＋中空糸膜、硫酸カルシウム	94%	90%

(出典)「放射性ヨウ素等対策に関する研究成果報告」2011 年 4 月 28 日、日本放射線安全管理学会

Q どれくらいの期間、水道水の汚染に
　気をつければ良いの?

A 福島原発事故のときは 1 か月は明らかな
　汚染が継続しました。福島県内だけでなく、
　栃木県、茨城県、東京都でも水道水が放射
　能汚染されました。

Q 浄水器で放射性物質は取れる?

A 2011 年の調査では、活性炭入りの市販の
　ポット型浄水器のヨウ素除去率は 70～98％、
　セシウム除去率は 78～90％でした。調査で
　使われた浄水器は放射性物質の除去を保
　証しているものではありませんでしたが、
　放射性物質の除去を目的とした商品も販
　売されています。煮沸では浄化できない
　ことに注意!

Q 乳児にマスクをつけたほうがよいの??

A 2 歳以下の子どもは、呼吸がうまくできな
　かったり苦しさを伝えられなかったりす
　るため、コロナ禍でもマスクの着用は推
　奨されません。しかし原発事故状況下で
　は、内部被ばくを減らすためにマスクが必要
　です。着用させる場合は顔色や機嫌を常に
　よく観察しましょう。いちばん良いのは放射
　性物質の放出前に避難することです。

Q 避難所での生活が不安です。

A 過去の災害では、子づれで集団生活は無
　理だったという証言がたくさんあります。
　授乳のプライバシーも守れませんし、夜泣
　きもあるでしょう。災害で不安になった大
　人は子どもにも不寛容になります。衛生面、
　安全面でも課題があり、避難所生活をやめ
　てホテルや車中泊などに切り替えた家族も
　ありました。

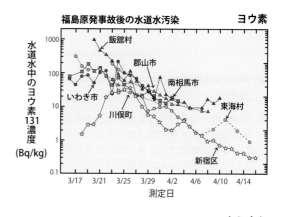

福島原発事故後の水道水汚染　ヨウ素

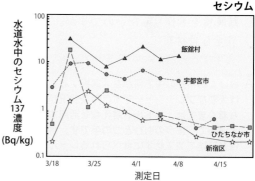

セシウム

(出典)「福島第一原子力発電所事故後の水道水摂取制限による
乳児の回避 線量評価」木名瀬 栄 他、日本原子力学会和文論文
誌、Vol. 10, No. 3, p.149～151 (2011) /水道水における放射性
物質対策中間とりまとめ、水道水における放射性物質対策委員
会(厚生労働省)、平成 23 年 6 月

Q 手やおもちゃをいつも舐めてしまうので
　被ばくが心配です。

A 外から室内に放射性物質を持ち込んでいない部
　屋ならば、手を舐めたことが原因で内部被ばく
　することはありません。赤ちゃんの部屋はクリ
　ーンルームにする意識をもって拭き掃除中心の
　清掃をして綺麗さをキープ。　抱っこでもお散歩
　したあとは、手や顔を良く洗いましょう。

子どもの育ちと 被ばく Q & A

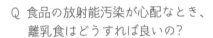

離乳期

手作りなら汚染レベルの分かる材料で事故前に製造のレトルト離乳食も活用して

Q 食品の放射能汚染が心配なとき、離乳食はどうすれば良いの?

A 事故後数か月程度の混乱期、食品や水道水の汚染が懸念されて測定値が不明の時期には、安全が確認された食べ物だけを利用しましょう。赤ちゃんの機嫌がゆるせば、離乳食の開始や進行をすこし遅らせても良いと思います。

Q 離乳食を手作りしたいのですが、安全な食材を入手する方法がわかりません。

A 被ばくの不安の中で何かを「選択する」のは大変なプレッシャーです。汚染状況が落ち着くまでは、レトルト離乳食を活用すると決めてしまうのもひとつの手です。長期保存可能で加工せずに食べられるレトルト離乳食は、他の災害で停電・断水が起きた時にも活躍します。日ごろから備蓄しておいて食べる練習をしておくと安心です。

(出典)日本ベビーフード協議会HP

Q どんな食材なら汚染が少ないかわかりますか?

A 事故状況や気象条件によって、どこまで汚染が広がるのかさまざまですが、事故後3か月程度は露地栽培の野菜はひろく汚染されると考えましょう。牧草や稲わらなどの家畜の餌が汚染されると牛乳や牛肉にも影響がでます。
福島原発事故から1年間の、家庭でよく利用される野菜の汚染状況をまとめました(右)。ポイントは、事故から3か月は甲状腺被ばくをもたらす放射性ヨウ素が検出され続けたこと、直後の1週間ほどはデータがないこと(社会の混乱で測定や公表がされなかったためで汚染がなかったのではない)、ほうれんそう、ブロッコリー、しいたけ、たけのこなどが高濃度汚染されたことです。特に、しいたけとたけのこは年単位で汚染濃度が下がりにくい傾向でした。
山菜、野生の肉などの生産管理されていないものは、汚染されやすいだけでなく状況把握もされにくので避けましょう。
リスクを減らすのに重要なのは、汚染状況が分からないものは避けるという姿勢です。

Q 離乳食でよく使われるほうれん草が汚染されているとき鉄分を何で補えば良い?

A ソラマメ、青のり、あさりなども鉄分が豊富です。

Q 調理前にどんな処理をすれば
被ばくリスクを減らせるの?

A 汚染の可能性の低い食材を入手したときでも、リスクを下げるために汚染されやすい部位を取り除きましょう。事故直後は葉菜なら外側や上部の葉に放射性物質が付着する傾向があります。そして、大量の水で汚れを洗い流しましょう。調査では、水で洗うと表面のセシウムは 7 割ほど除去されました。ヨウ素131は 2〜3 割しか除去できませんでしたが、半減期が 8 日なので 80 日後には1000分の1以下の量になります。洗浄効果は水と重曹とクエン酸とアルコールで差はありませんでした。
事故から1〜2か月が経過して表面汚染が少なくなったら、根からの吸収による内部の汚染にも気を配りましょう。米は糠にセシウムが多く含まれており、精米度を高めると被ばくを減らすことができます。セシウムは塩ゆでで多少除去できたというデータもあります。
　一方、セシウムの除去は他の栄養素の不足にもつながるので、メニューの工夫が必要です。

野菜の直接汚染部位 (右図の黒点が汚染部)

試料:白菜 (GM800cpm)、ブロッコリー (GM200cpm)、ニラ (GM200cpm)、
水菜 (GM250cpm)、ホウレンソウ (GM300cpm)、ネギ (GM200cpm)

by 徳島大学

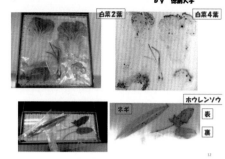

精米率とセシウム汚染

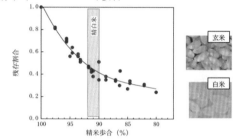

図 2.1.1-1　米の精米歩合と放射性セシウム残存割合の変化

(出典)「環境パラメータ・シリーズ4増補版(2013 年)食品の調理・加工に よる放射性物質の除去率 —我が国の放射性セシウム除去率データを中心に —」、平成 25 年 12 月改定、公益財団法人原子力環境整備促進・資金管理センター

家庭で良く利用される野菜の福島原発事故後の汚染状況

(出典)厚生労働省 HP よりまとめ

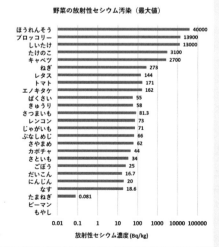

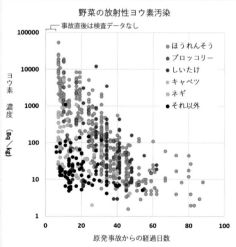

セシウム134と137のどちらかのみが記録されている場合は、事故直後は両者が1：1で存在したとして放射性セシウム濃度を算出した。

子どもの育ちと 被ばく Q & A

幼児期・児童期

1か月は大気中のヨウ素に注意 生活環境の汚染を確認してから 遊び場を決めて

Q 家の外で自由に遊ばせて良いの?

A 原発の状況が安定するまでは、外出は必要最低限にしましょう。福島原発事故時、となりの茨城県でも5月上旬まで大気からガス状の放射性ヨウ素が検出されました。原発から放射性物質の放出がなくなったあとも、風雨などで放射性物質が高濃度に集積した場所(ホットスポット)が発見されることがあるので要注意です。福島原発事故では、原発から200kmも離れた千葉県柏市でもホットスポットが発生しました(23ページ参照)。距離が離れていても安心せず、知らぬ間の被ばくを防ぐために、生活環境の汚染状況を把握してから、より汚染のない場所で遊ぶようにしましょう。

原発事故後の茨城県の大気中放射性物質

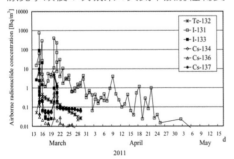

出典)福島第一原子力発電所事故後の大気中放射性物質濃度 測定結果に基づく線量の評価 東海村周辺住民を対象として 竹安 正則 *1, 住谷 秀一 *1, 古田 定昭, Jpn. J. Health Phys., 48 (3), 141 ~ 149 (2013)

Q どんなところが ホットスポットになりやすいの?

A 雨水・排水が集まる場所、風雨などにより泥・土等がたまりやすい場所、植物が生えている場所、アスファルトやコンクリート舗装された駐車場や道路の側溝、雨どい、吹き溜まり、落ち葉の溜まっているところに放射性物質があつまりやすいです。

Q 外から帰宅したときに 気を付けるポイントはありますか?

A 帰宅時は靴の泥を入室前にしっかり落として、外出着はすぐに洗濯。シャワーで体についた汚れを落としましょう。室内に放射性物質のちりを持ち込まないように玄関をよく掃除しましょう。掃除機は埃を舞い上がらせやすく内部被ばくにつながるので、水拭きがよいでしょう。

Q 給食を食べさせても良いの?

A 福島原発事故後は、早々に地産地消を掲げて地元食材を給食に取り入れる動きがありました。内部被ばくを心配した家庭がたくさんあり、お弁当の持参も認められました。
給食がどれくらいの被ばくをもたらすのかは測定なしには判断できません。食材や陰膳の放射能検査や産地の公開を求めましょう。

ホールボディカウンター(WBC)

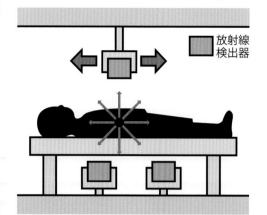

放射線
検出器

体内の放射性物質から放出されたガンマ線を体の外で捉えて、体内の放射性物質量を計測する。

尿の放射性物質濃度検査

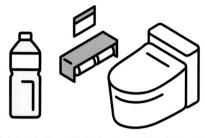

被験者の尿をガンマ線計測して、放射性物質量の濃度を調べる。体内の放射性物質量を推計するには1日分の尿が必要。

Q 子どもがこれまでどれくらい
　内部被ばくしたのか知りたいです。

A 被ばくした量をあとから正確に把握する方法はありません。放射性物質はそれぞれの半減期にしたがい、時間と共に崩壊して計測できなくなってしまうからです。
　できることは、現時点で体内にある放射性物質の量や、尿などで排出された放射性物質の量を調べて、それから過去の被ばくを推定することです。
　ホールボディカウンター（WBC）は人が測定器の中に入って、体から出てくるガンマ線を測定して、体内の放射性物質量を測定するものです。福島の県民健康調査でおこなわれています。
　尿の放射性物質濃度検査は、一定量貯めた尿をガンマ線測定試料とします。水分摂取量や発汗などの状況によって濃度が変わるので、体内の放射性物質量を推定するには1日に排出された尿の全量が必要です。長時間測定が可能なので微量の被ばくまで分かりますが、測定に必要な量の尿を貯めるのが大変という欠点があります。
　両者とも、崩壊してしまった放射性物質による被ばくは計測できません。なお、レントゲンやCTのように、測定のために被ばくすることはありません。

ポイント!!
甲状腺被ばくはすぐ検査

　原子力災害で被ばくした可能性があるとき甲状腺被ばくの実態を把握するためには、**なるべく早いタイミングで**甲状腺に集まった放射性ヨウ素131の量を、**たくさんの人を対象**に検査しなければなりません。しかし、福島原発事故では初期被ばくの調査がきわめて不十分でした。ヨウ素131の半減期は8日と短いため、十分な甲状腺の検査ができないうちに検出不可能になってしまったのです。
　つぎの原発事故が発生したら、**証拠が消え去らないうちに被ばくの検査をしなければなりません**。国や自治体に求めていくとともに、自分たちの手であらゆる箇所の放射線量の測定値を記録することも大切です。全国の市民放射能測定所などで、食材や雨水や水道水、空気清浄機や掃除機のフィルターなどを測定しておくと良いでしょう。尿や母乳を測定してくれる測定所もあります。自分や家族が摂取したものの記録（食材、産地、自家栽培かどうか、摂取量）や滞在場所の記録もするとよいでしょう。

安定ヨウ素剤とは

甲状腺被ばくから守るために
妊娠中も授乳中も赤ちゃんも子どもも躊躇なく服用！

原発事故が起きたとき、まっさきに考えるべきことは、甲状腺がんを引き起こす放射性ヨウ素を子どもが取り込まない対策をすることです。
放射性ヨウ素の被ばくを防止できる薬が「安定ヨウ素剤」です。心強い薬ですが、ヨウ素以外の被ばくからの防護はできません。

安定ヨウ素剤（丸剤／ゼリー剤）

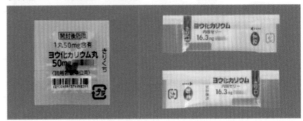

（出典）日本原子力文化財団、原子力総合パンフレット2021年度版より画像引用

Q 妊婦や授乳中もヨウ素剤を飲むの？

A 妊娠中も授乳中も、母親と赤ちゃんを被ばくから守るために安定ヨウ素剤の服用が必要です。母体が放射性ヨウ素を取り込めば、それが胎児や母乳にも移行してしまいます。被ばくから守るために、新生児や乳幼児は優先して安定ヨウ素剤を服用することとなっています。
もし、授乳中の母親が放射性ヨウ素被ばくした可能性があるとき、非汚染ミルクがあれば母乳を中止することが推奨されます。（なければ母乳を継続）

Q いつ飲めば良いの？

A 安定ヨウ素剤の効果は服用するタイミングに影響されます。被ばくの24時間前から2時間後までに服用すると、9割の被ばくを防ぐ効果が期待できます。24時間経過後も被ばくの可能性が継続するときは繰り返し服用します。福島原発事故ではヨウ素剤服用指示がうまく伝わらず、福島県内におよそ20万錠あった備蓄分のおよそ4%しか服用されませんでした。後から分かったことですが、福島原発からの放射性プルームは3月12日から25日にかけて11回も地域を襲いました。ヨウ素剤1回分の備蓄では足りなかったのです。

自治体からの服用指示で身を守れるのか、過去の例からはあまり期待はできません。せめて、ヨウ素による被ばくリスクが高い時期は、子どもは遠くへ避難したほうが良いのです。

福島原発事故で地域に到達したプルームの時系列

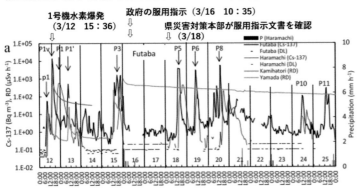

（出典）"Time-series analysis of atmospheric radiocesium at two SPM monitoring sites near the Fukushima Daiichi Nuclear Power Plant just after the Fukushima accident on March 11, 2011",Haruo Tsuruta*, Yasuji Oura, Mitsuru Ebihara, Yuichi Moriguchi, Toshimasa Ohara, Teruyuki Nakajima, Geochemical Journal, Vol. 52, pp. 103 to 121, 2018　から加筆。検出された核種がセシウム137なのは、原発事故から時間が経過した後の測定のため。

安定ヨウ素剤と家庭の食材のヨウ素含有量の対応表

年齢	ヨウ素の食事摂取基準 1日あたり（マイクログラム）			安定ヨウ素剤中の量 1回あたり（マイクログラム）		昆布だしの場合（グラム）	とろろ昆布の場合（グラム）
	推奨量	目安量	耐容上限	ヨウ素	ヨウ化カリウム		
新生児		100	250	12,500	16,300	114	5
1〜5か月		100	250	25,000	32,500	227	11
6〜11か月		130	250				
1〜2歳	50		300				
3〜5歳	60		400	38,000 (3歳〜12歳)	50,000 (3歳〜12歳)	345	17
6〜7歳	75		550				
8〜9歳	90		700				
10〜11歳	110		900				
12〜14歳	140		2,000	76,000 (13歳〜)	100,000 (13歳〜)	691	33
15〜17歳	140		3,000				
18歳以上	130		3,000				

昆布だしは水1リットルに対して30グラムの昆布で煮出したもの。耐容上限量は、この値を超えて摂取した場合、過剰摂取による健康障害が発生するリスクがゼロではなくなることを示す値。日本食品表示成分表2020年版（八訂）より計算し作成。

Q ヨウ素剤はどこで手に入りますか？

A 原発から5キロ圏内の40歳未満や妊娠・授乳中などの住民へは、医師の説明のもとで事前配布が義務づけられています。30キロ圏内の住民へも避難を円滑におこなうために自治体判断で事前配布が可能になりました。対象外でも、市民の主催で医師の協力のもとにヨウ素剤の配布会をおこなっている例があります。サプリメントも市販されています。

Q 事故が起きてしまってヨウ素剤が手元になかった場合の代替品はある？

A ヨウ素剤で摂取するヨウ素と同じだけの量を家庭の食事で摂取する方法を検討しました（上表）。昆布のヨウ素は水に溶けだしやすく、15分間の煮沸で99%以上が出汁に溶けだします。3~12歳の場合、水1Lに30グラムの昆布をいれてつくった出汁を350グラムを飲む必要があります。とろろ昆布では約17グラムに相当します。調理が不要で便利ですが、消化吸収までのタイムロスが発生するためヨウ素剤と効果の出かたは異なるでしょう。ヨード入りうがい薬は飲まないで！

Q 日本人は甲状腺被ばくしにくいってほんとですか？

A 日常的にヨウ素を十分摂取することは、甲状腺被ばくを半減程度にする効果があるとされます。日本の伝統的な食事はヨウ素が多いといわれていますが、現代の食生活では不足している場合もあります。ヨウ素剤が配布されない地域に住んでいる、特に子どもや妊婦、授乳中の人は、原発事故の際には意識して昆布を食事に取り入れましょう。1日1杯の昆布だしのみそ汁でヨウ素不足は防げます。

Q 副作用はありますか？

A ヨウ素剤の副作用はアレルギーや甲状腺機能異常が懸念されますが、起こる可能性はきわめて低いと考えられています。チェルノブイリ原発事故時、ポーランドで1050万人の子どもと700万人の大人に安定ヨウ素剤が投与されたときの調査では、子どもの副作用のリスクは大変低いことが確認されました。ヨウ素剤は甲状腺がん予防の効果がある唯一の薬品です。使用すべき状況になれば躊躇なく服用しましょう。

重大事故発生前
—— 原発が危険と知ったら

　原発が危険な状態になっても、すぐに避難指示は出ません。原子炉が制御不能になり、放射性物質放出の可能性が高まってから原発から 5km 圏内の住民に避難指示が出されます。その時 5km 以上 30km 圏内の住民は屋内退避することになっています。

　5km 以上 30km 圏内の住民に避難指示が出されるのは**実際に放射性物質が放出された後**です。乳幼児にさえ被ばくを避けるための事前の避難をさせない方針なのです。さらにこの範囲の住民には、安定ヨウ素剤の事前配布も義務化されていません。

　被ばくを避けるためのもっとも確実な方法は、原発が危険と分かったら避難指示が出て社会が混乱する前に、遠くに移動してしまうことです。政府はこの段階では避難でなく自宅での情報収集を推奨しています。子どもを被ばくから守る責任のある大人は**「小旅行」にでかけてしまいましょう**。そして旅行先で原発の状況を見守りましょう。これには瞬発力と判断力と勇気が必要です。

　「小旅行」にいけないなら、少なくとも、環境や食品が放射能汚染されるまえに、液体ミルクや離乳食、食糧やマスクなどの確保をして屋内退避にそなえましょう。

原発全面緊急事態
—— 5キロ圏内に避難指示

Q　避難やヨウ素剤服用の指示を
　確実に得るには?

A　いざという時に備えて、自治体からのお知らせが伝わってくるか、日ごろから防災無線の音声や音量などを確認しておきましょう。文字でも情報が得られるよう「防災情報メール」の利用登録もしておきましょう。テレビやラジオの情報も活用しましょう。
　放射線は目に見えないので被ばくの危険性は五感で感知できません。

Q　どこに避難する?

A　避難の指針では 5km 圏内の人は、30km 圏外の避難先に向かうことになっています。具体的な避難計画は自治体ごとに作られます。

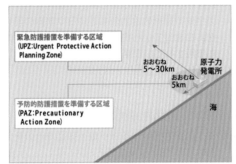

事態の進展	状況の例	住民への避難指示
警戒事態	大地震発生	まだ
施設敷地緊急事態	全電源停止	まだ
全面緊急事態	原子炉制御不能	5 km 圏内住民 (PAZ): 避難開始 30km 圏内住民 (UPZ): 屋内退避
放射性物質放出後	環境の放射線量の増加	30km 圏内住民 (UPZ): 避難開始

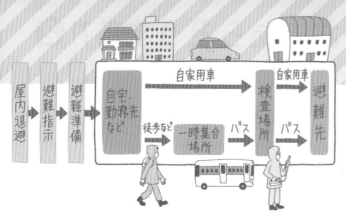

福島原発事故では、原発の近くに住んでいた人は自宅に帰ることができなくなりました。原発事故の避難は二度とふるさとに戻れない可能性があると心に留めて準備しましょう。

帰宅できたとしても、放射性物質で汚染された住居の除染は困難だったり、長期放置された家屋は住める状態でなくなったりして多くの家屋が解体せざるをえなくなりました。

(出典)こんな時どうする?原子力発電所で事故が起こったら~紙上シミュレーション~

Q 避難の際の服装は?

A 目に見えないサイズの放射性物質が大気中に浮遊して身体に付着するので、全身を覆える服装にしましょう。フード付きレインコートに手袋、メガネ、マスク、長靴などです。

車内では外気の取り込みを止め、子どもを窓から少しでも離して外部被ばくを減らしましょう。

原発事故の避難では、放射性物質を避難区域外に持ち出さないために放射能の「検査場所」が設けられます。あるレベル以上の汚染があり除染できなかった場合には、その服や荷物や車両は持ち出せなくなります。

大事なものは汚染されないように表面がツルツルした袋などで覆ったり、チャック付き袋で密閉するなどの対策をしましょう。ベビーカーはタイヤが汚染されやすく、ひどく汚染してしまうと持ち出せません。赤ちゃんは抱っこ紐で抱っこし、その上をポンチョなどで覆いましょう。子どもを抱えながら持って歩けるだけに荷物を減らす選択が必要です。

放射性物質の吸い込みを減らすためにはマスクが必要です。一方、2歳以下の乳幼児は自分の状況を言葉でうまく説明できず、窒息の危険があるのでコロナ禍でもマスクの着用は推奨されていません。マスクをさせる場合は、大人は常に子どもの顔色をチェックしてください。

15

原発事故がおきたらどうする?!❷

放射性物質の放出 ── 30キロ圏内に屋内退避指示

　屋内退避とは原発から放出された放射性物質が濃度の高い状態(放射性プルーム)でやってきているとき、すこしでも被ばくを抑えるために部屋の中にいることです。

Q 家の中にいれば被ばくを防げますか?

A いいえ、窓を閉めて部屋にこもっても被ばくをゼロにはできません。ゼロどころか一般の木造住宅の場合は、外にいる場合の被ばく量の半分になるだけです。鉄筋コンクリート建屋では外の25%の被ばくになるとされます。ドアや窓をしめて換気扇を止めてもわずかな隙間から放射性物質を含む空気が入ってきます。特に、古い木造住宅は機密性が低いことが多く、被ばく防護に適しません。住んでいる場合は、鉄筋コンクリート造りのホテルや知人のマンションなどへの避難を検討しましょう。

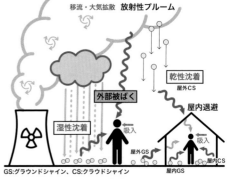

GS:グラウンドシャイン、CS:クラウドシャイン
原子力事故時に想定される被ばく経路

(出典) 原子力災害発生時の防護措置─放射線防護対策が講じられた施設等への屋内退避─について [暫定版]、内閣府(原子力防災担当)日本原子力研究開発機構 原子力緊急時支援・研修センター、令和2年3月

※グラウンドシャイン：地表に沈着している放射性物質からの外部被ばく
　クラウドシャイン：大気に浮遊している放射性物質からの外部被ばく

屋内退避の被ばく低減効果

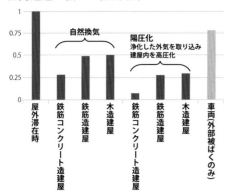

特別に改造(フィルターで浄化した外気を取り込んで室内の気圧を外より高める)した鉄筋コンクリート建屋だと被ばくを外にいた場合の1割に減らせるが、木造建屋では半減するのみ。

(出典)原子力災害発生時の防護措置─放射線防護対策が講じられた施設等への屋内退避─について[暫定版]、内閣府(原子力防災担当)日本原子力研究開発機構 原子力緊急時支援・研修センター、令和2年3月から作図

Q 隙間をふさげば安心?

A 放射性物質が入り込む主な経路は玄関ドア、窓、換気扇です。もし、家じゅうの隙間をすべて塞いで完全な換気無し住宅が実現したとすると、、、。実は、放射性被ばく以外の悪影響も発生します。

たとえば、呼吸によって空気中の酸素が不足し二酸化炭素濃度が上昇したり、建材に使われている薬品が気化して空気中の濃度があがったりします。乳幼児は激しく泣くだけで酸欠になってしまうほど呼吸が未発達です。酸欠は命に関わる症状ですが、苦しくても言葉で説明ができません。

また、屋内退避中にガスコンロや火を使う暖房器具の使用は厳禁です。一酸化炭素中毒の危険があります。

そして、外部との空気の入れ替えがないとしても、窓や壁を通過してくる放射線(ガンマ線)は防ぐことはできません。屋内に届くガンマ線を少しでも減らすために、シャッターがあれば閉めましょう。

換気扇などを止め、外気の入り口を閉じましょう。

外から帰ってきたら、顔や手を洗い、衣類を着替えましょう。（着替えた衣類はビニール袋等に入れて保管します。）

食品にはフタやラップをしましょう。

すみやかに室内に入る

広報車、防災行政無線、ラジオ、テレビなどで新しく正確な情報を待ちましょう。

災害時には、緊急電話のための十分な回線を必要とします。不要不急の電話は控えましょう

家庭動物は、室内に入れましょう

Q 屋内退避で気をつけることは？

A 被ばくをできるだけ減らすために、ドアや窓から離れた部屋の中央部で過ごしましょう。内部被ばく防止のためには、室内に放射性物質が侵入することを前提にした対策が必要です。必ずマスクは着用し、食品や食器やスプーン、子ども用品など汚染されたくないものはラップでつつんだり、チャック付ビニール袋にいれて密封しましょう。

水源が汚染される可能性があるので屋内退避中は水道水は飲用せず備蓄していた水をつかいましょう。大気中の放射性物質には、微粒子状（エアロゾル）のものとガス状（気体）のものがあります。ガス状のものは僅かな隙間からでも屋内に侵入します。ガス状の放射性物質に対する屋内退避の効果は、被ばくの時間を**遅らせるだけ**です。エアロゾルはフィルター性能の高い空気清浄機である程度除去（捕集）することができます。放射性プルームがまさに通過中なのかどうか、測定器で放射線測定する場合は、外に出ず窓越しに数値の変化を測定しましょう（ガンマ線はガラスを容易に通過します）。インターネットで各地のモニタリングポストの数値をリアルタイムで確認できる場合があります。

Q どれくらいの期間、閉じこもれば良いの？

A 自治体などの指示に従うのが基本ですが、福島原発事故では2週間にわたって11回も放射性プルームが街を通過していたことは参考になります。状況が落ち着くまでは不要な外出は避けましょう。**放射性プルームの通過中はどうしても放射性物質が室内に侵入してしまいます。プルームが去ったあとは汚染された空気を速やかに換気で追い出さなければ被ばくが継続してしまいます。**しかし、プルームがいまどこにあるのか、あと何時間後に綺麗な空気が流れてくるのかなどは、予測もその場での実測も困難です。

放射線の種類と透過性

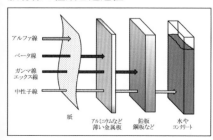

アルファ線
ベータ線
ガンマ線
エックス線
中性子線

紙　アルミニウムなど薄い金属板　鉛板鋼板など　水やコンクリート

屋内退避で窓やドアからの放射性物質の侵入をいっさい防ぐことができたとしても、ガンマ線はガラスや家の壁、屋根を通過するので、屋内にいる人の外部被ばくは避けられません。

福島原発事故では住民の中性子被ばくは観測されませんでしたが、JCOの臨界事故*では民家まで中性子が到達しました。

＊1999年9月30日、株式会社ジェーシーオー東海事業所で硝酸ウラニルを製造中、核分裂反応が連続する臨界状態（約20時間継続）となり、2人の犠牲者と667人の被ばく者を出した。

原発事故がおきたらどうする?!❸

放射性物質の大量放出が終わり、長期的に汚染と向き合う日々へ

まずやる **10** のこと

　原発からの放射性物質の大量放出が終わっても、環境中にある放射性物質はなくなるわけではありません。風雨に流され沈着、蓄積、再浮遊、再降下します。これから長く続く日常生活の中で被ばくを減らすためには、どこにどれくらいの放射性物質があるのかを知る必要があります。そのことは、原発から離れている地域であっても例外ではありません。

　原発事故の非常時から日常に戻る前に、事故で汚染された生活環境の確認や、長期的に汚染と向き合う準備のために以下のような方法で子どもを迎える準備をしてください。

やること **1** 放射線測定器の入手

　原発事故の真っ最中や事故直後こそ、五感ではわからない放射能汚染状況把握ために役立ちます。事故発生後は入手しづらくなるかもしれませんので事前の手配がおすすめです。

やること **2** 大掃除

　避難先から子どもが戻る前に、大人だけで大掃除や換気と放射線量測定をしましょう。掃除は使い捨て雑巾などでしっかり水拭きを中心に。エアコン、空気清浄機、掃除機、換気口のフィルターは交換して、使用済は袋に密閉して処分してください。表面に傷がある壁や屋根瓦、畳などは掃除しても放射性物質がとれにくく入れ替えが必要になるかもしれません。掃除が終わった後、新しいフィルターの空気清浄機を稼働させましょう。

　庭の土の表面、雨どい、窓の桟などには放射性物質が溜まっている可能性があります。よく洗い流すことで屋内の放射線量を下げましょう。しかし「除染」は「移染」です。洗い流した水の通り道や地中に水がしみこむ部分の放射線量が高くなるかもしれません。放射線測定器で確認し、遮蔽をしたり近づかないようにしましょう。

やること **3** 避難時の衣類などの洗濯

　避難中に着ていた服や靴、帽子や手袋などは、捨てられるものは密封して捨てましょう。大事なものだけ洗濯機で良く洗いましょう。

　ある調査では、渦巻き式とドラム式では洗濯機の種類に汚染除去効果の差はなく、市販の洗剤を利用した場合、洗濯1回で放射能汚染を75%除去、洗濯3回で85%が除去されました。すすぎ水からは放射性物質が検出されなかったので、洗濯機自体が汚染されることはないとしています。

　洗浄効果は、汚染の原因物質の状態にも違いがあり、時間が経過した衣類の除染はほとんど困難だという報告もあります。洗濯機の埃フィルターのゴミ掃除はこまめに慎重に。環境を汚染した放射性物質は、一度降下しても再浮遊して長期的に影響しつづけるので、洗濯物は室内干しにして被ばくを防ぎましょう。

■ 北海道　札幌市　● 福島県　福島市　■ 東京都　鹿児島県　鹿児島市

大気降下物中の放射性セシウム濃度推移

（出典）環境放射線データベースより取得したデータをグラフ化

放射性プルーム

直接沈着

汚染食物の摂取

再浮遊放射性物質の吸入

再浮遊による大気中の放射性物質

摂取・吸収

グランドシャイン　汚染土壌の付着

地表面に沈着した放射性物質

やること 4　食品汚染の確認方法をチェック

食品の放射能汚染を把握する方法を確認しましょう。自治体や厚生労働省の HP、生産者や販売店、生協のチラシなど、調べたい食材の汚染状況を把握できるツールをあつめておきましょう（9 ページ参照）。非汚染（自分が受け入れられる基準以下）の食品のみを取り扱った店舗があると、日々の選択に悩む要素がひとつ減ります。家庭菜園がある場合は、収穫物だけでなく土壌の汚染状況も確認しましょう。全国の市民放射能測定所も活用できます。

やること 5　水道水の汚染チェック

水道水の汚染を確認しましょう。水道水の汚染は日常生活での被ばくに影響します。自治体や水道局のホームページから汚染レベルを確認しましょう。少なくとも 1 か月の間は、特に水源に降水があった翌日、翌々日は汚染がないかどうか確認してください（7 ページ）。2011 年の調査では、埼玉県で 5 月 8 日まで水道水からヨウ素が検出されました。原発からのさらなる放射能放出がなければ、約 2 か月後からは水道水を日常使いしても問題ないと考えられます。

やること 6　生活圏の放射線量測定

生活空間を測定し、自宅のいちばん放射線量の低い部屋を子どもの寝室（いちばん長く過ごす部屋）にしましょう。

子どもの通学路、お散歩コース、いつもの公園、家庭菜園などの放射線量も確認します。

汚染された場所は避けるよう、家族や地域社会で情報共有しましょう。

やること 7　洗車

車で避難した人も車を自宅に置いておいた人も、表面についた汚染を洗い流しましょう。特にタイヤは念入りに。エアコンフィルターの交換もしておきましょう。

やること 8　子どもの遊び場の確保

遊びは子どもの成長に欠かせない大切な日常です。放射能汚染と向き合って生活するとき、安全な遊び場が健やかな育ちの支えになるでしょう。屋内型プレイルームや少し遠くの非汚染地域の公園など、行きやすい場所の目星をつけておきましょう。非汚染地域に滞在して心と体をリフレッシュする「保養」に参加するのもよいでしょう。そこでは価値観の近い人々との出会いが期待できます。

やること 9　行動の記録

原発事故からこれまでの自分たちの行動を記録しておきましょう。いつどこにいたのか、何をたべたのか、何を飲んだのか。マスクはしていたのかなど。思い出して紙にメモしておきましょう。

やること 10　原発反対の意思表明

こんなに辛い思いを繰り返さないために…。原発に反対するきもちを周囲の人に話す。選挙に行く。エネルギーや資源を大事に使うなど。

原発事故に備えよう

　原発事故による被ばくを避けるために、特に甲状腺被ばく対策としては、事故から1か月程度の初期被ばくを避けることが重要です。そのためには、**原発事故の状況があぶないと知ったら、社会が混乱するまえに安全な遠くに「小旅行」にいってしまうのがいちばんです。何も起きなければ、笑って帰宅すれば良いのですから。**

　しかし事故がおきてしまってから自分と家族の行動を決めようとしても、恐怖と不安で冷静ではいられませんし、ゆっくりじっくり考える時間はありません。**いざというときの被ばく防止対策がうまくできるかどうかは、日ごろからの準備にかかっています。**子どもの被ばくを避けるために何をどこまで対策するか、資金はいくらまでかけられるかなど、家族で事前に話し合っておきましょう。

　福島原発事故は凍える中での地震・津波・停電・断水と放射線の複合災害でした。大規模な通信障害で情報が不足し、家族間の連絡もとだえました。将来の原発事故を想定する場合は、さらに感染症の流行も考慮しなければなりません。地域によっては豪雪や台風との複合災害もありえます。

　居住地域や家族構成、年齢や健康状態によって、必要な備蓄や対策はそれぞれちがいます。ぜひ具体的に事故を想像して、その時、子どもたちを守るためにどんな対策や準備が必要なのか、じっくり検討してください。

チェックリスト
事前に話し合っておくこと

Q 1　自宅と原発の位置関係は?
―――― 原発は稼働中?
―――― 自宅は5キロ圏内?30キロ圏内?
―――― 周辺の道路状況と避難経路の確認

Q 2　安定ヨウ素剤はもっている?

Q 3　原発事故が起きそうになったら?
――――A. 避難指示が出る前に「小旅行」に出る
――――B. 避難指示が出るまでは自宅待機

Q 4　避難指示が出たらどうする?
――――A. 自分たちで決めた避難先に行く
――――B. 公的な避難所に行く (感染症が流行っていた場合は?)

Q 5　自宅の性能は?
――――A. 鉄筋コンクリート⇒気密性あり⇒屋内退避可能
――――B. 古い木造住宅⇒気密性に難あり⇒他に屋内退避先はある?

Q 6　被ばくリスク認識の確認
―――― A. 少しでも被ばくを防ぐために最大限努力する
―――― B. 国の基準以下なら許容する
―――― C. A と B の中間 (被ばくレベルに応じて判断)

Q 7　避難期間について
――――A. 自分たちで避難期間を決める (例えば、年 2mSv 以下なら戻るなど)
――――B. 避難指示が解除されたら戻る (ex. 福島原発事故では年 20mSv)

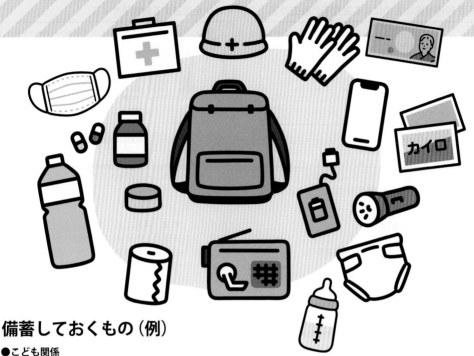

備蓄しておくもの（例）

●こども関係

食料（ミルク、離乳食、水、おかし）

すぐ食べられるもの、成長に合わせた食器

おむつ＆おしりふき（簡易トイレ・携帯トイレ）

トイレトレーニングに合わせた携帯補助便座

着替え（長袖長ズボン、マスク、帽子）

抱っこひも、ヘッドライト、ショールなど薄い布

おもちゃ（手遊び歌を覚えておくなど）

常備薬（肌が弱い子はいつもの石鹸や保湿剤、
便秘薬なども）

母子手帳、健康保険証、体温計など

●大人自身のもの

●被ばくを防止するために

空間放射線測定器

安定ヨウ素剤（事前に入手しておく）

エアロゾルが除去できる空気清浄機
（予備フィルター）

マスク（予備もたくさん）、レインコート、帽子、
ゴーグル（メガネ）、長靴

湿式掃除道具、ばんそうこう

チャック付き袋（汚染物を密閉）

●情報関係

PC、スマホ、インターネット環境

ラジオ、充電器、予備バッテリー

地図（原発の位置）

防災無線や防災メールの確認・登録

モニタリングポストなどのデータを知る方法を
確認しておく

●食品関係

1～2週間分の水と食料、カセットコンロ
（日頃からローリングストックを実践する）

野菜ジュースやビタミン剤
（ドライフルーツや乾物もおすすめ）

おかし（食べ慣れたもの）

放射性物質が除去できる浄水器も販売されている

念のため昆布

●その他　現金、クレジットカード、電子マネー・・・

連絡先など重要な内容は紙にメモ
（スマホは充電が切れると見れない）

価値観の近い仲間を作っておく

参考資料

個人が利用可能なものによる微粒子の除去効率

物質	折りたたみ回数	除去効率
木綿ハンカチーフ	16	94.2%
トイレットペーパー	3	91.4%
木綿ハンカチーフ	8	88.9%
毛羽の長い浴用タオル	2	85.1%
毛羽の長い浴用タオル	1	73.9%
ぬれた木綿ハンカチーフ	1	62.6%
木綿ハンカチーフ	1	27.5%

家庭内及び個人が利用可能な物によって口及び鼻の保護を行った場合の1~5μmの微粒子に対する除去効率より抜粋 (原子力安全委員会「原子力施設等の防災対策について」の一部改定について、別紙付属資料8「屋内退避等の有効性について」p.95(平成22年8月)より)

マスクを透過する微粒子サイズ

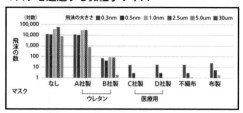

マスクの種類と粒子径別の透過数を実測すると、医療用マスクや不織布マスクの効果が高かった。ただし、マスクを 顔と密着しなければ効果は得られない。
(RIKEN NEWS WINTER2022 No.480 より)

ガンマ線の遮蔽/透過率

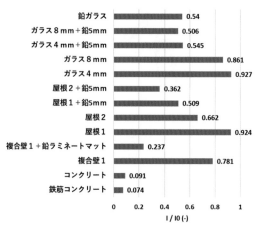

Cs137ガンマ線の透過率

	1/10 (-)
鉛ガラス	0.54
ガラス8mm+鉛5mm	0.506
ガラス4mm+鉛5mm	0.545
ガラス8mm	0.861
ガラス4mm	0.927
屋根2+鉛5mm	0.362
屋根1+鉛5mm	0.509
屋根2	0.662
屋根1	0.924
複合壁1+鉛ラミネートマット	0.237
複合壁1	0.781
コンクリート	0.091
鉄筋コンクリート	0.074

窓ガラスは単層、複層によらず、ほとんど遮蔽効果がない。屋内退避のときや放射性物質が地表に降下したあとは窓のそばにいる時間をなるべく減らす。金属製のシャッター (雨戸) があれば、閉めておいた方が部屋の中にはいるガンマ線を減らすことができる。
一般的な屋根はあまりガンマ線を遮蔽しない。コンクリートおよび鉄筋コンクリートは遮蔽効果が高く、いわゆる木造建屋の複合壁の遮蔽効果はそれよりあきらかに低い。窓際 には水を満たしたペットボトルをいくつか重ねて設置すると、屋内に届くガンマ線の割合を減らすことが できる。コンクリートブロックの遮蔽効果の方が高い。

> 鉄筋コンクリート：総厚 180 mm 鉄筋 D13、配筋率 0.25%、コンクリート部密度 2.0 g/cm³
> コンクリート：総厚 180 mm、コンクリート部密度 2.0 g/cm³
> 複合壁 1：石膏ボード 13.4 mm、断熱材 81 mm、木板 12 mm、窯業系サイディング 16.6 mm
> 屋根 1：木板 16.75 mm、アスファルトルーフィング 1.1 mm、ガルバリウム鋼板 0.97 mm
> 屋根 2：木板 16.75 mm、アスファルトルーフィング 1.1 mm、ルーフタイル 20 mm

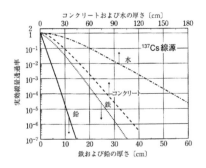

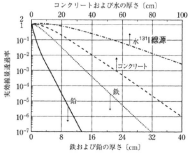

(上:「建屋の遮蔽性能評価のための建築材料の光子透過率データ集」、石﨑 梓 普天間 章 田窪 一也 中西 千佳 宗像 雅広、JAEA-Data/Code 2018-022 より抜粋 下:アイソトープ手帳 11 版より)

除染が必要な汚染レベルの広がり

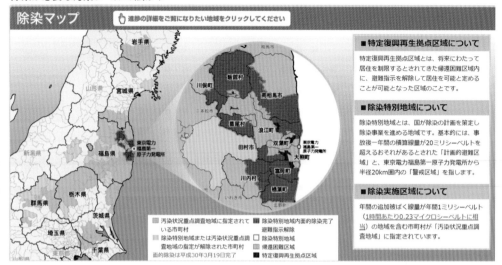

福島原発事故では、除染が必要な 0.23 マイクロシーベルト/時の地域が、北は岩手県から南は千葉県まで広がった。
(環境省 除染情報サイトより)

福島第一原発事故後の国内販売の粉ミルクの放射能汚染

育児用ミルク中のセシウム137濃度（Bq/kg）　新宿代々木市民測定所による調査

	商品名	販売	測定年度				
			2022	2020	2018	2016	2013
レーベンス 粉ミルク	明治ほほえみ	(株)明治	ND	ND	ND	ND	ND
	森永はぐくみ	森永乳業(株)	ND	ND	0.08	0.12	0.38
	雪印メグミルク ぴゅあ	雪印メグミルク(株)	0.05	0.11	0.34	0.28	0.37
	すこやかM1	雪印ビーンスターク(株)	0.08	0.11	0.13	0.08	0.11
	アイクレオ バランスミルク	江崎グリコ(株)	ND	ND	ND	ND	ND
	レーベンスミルク はいはい	和光堂	ND	ND	ND	ND	ND
フォロー アップ 粉ミルク	明治ステップ	(株)明治	0.57	0.06	0.07	ND	ND
	森永チルミル	森永乳業(株)	ND	0.05	0.09	0.21	0.34
	雪印メグミルク たっち	雪印メグミルク(株)	0.22	0.40	0.40	0.44	0.31
	つよいこ	雪印ビーンスターク(株)	0.18	0.24	0.35	0.39	0.70
	アイクレオフォローアップミルク	江崎グリコ(株)	ND	ND	ND	ND	ND
	フォローアップミルク ぐんぐん	和光堂	0.10	0.06	ND	ND	ND
液体ミルク	森永はぐくみ 液体ミルク	森永乳業(株)	ND				
	アイクレオ 赤ちゃんミルク	江崎グリコ(株)	ND				
	液体ミルク すこやかM1	雪印ビーンスターク(株)	0.022				
	明治ステップらくらくミルク	㈱明治	0.125				
	明治ほほえみらくらくミルク	㈱明治	0.047				

ND：Not Detected （不検出）

年　　　月　　　日

天気	
風向き	

過ごした場所		種　類	時　間	マスク	ゴーグル	空間放射線量（μSv/h） 地上1m	地表面
住宅		鉄筋コン・木造		有・無	有・無		
移動		車・自転車・電車		有・無	有・無		
外出先の施設		鉄筋コン・木造		有・無	有・無		
外（庭・公園など）				有・無	有・無		

食事	朝　食	間　食	昼　食	間　食	夕　食
メニュー	自炊 ・ 外食		自炊 ・ 外食		自炊 ・ 外食
使用食材 / 産地					
飲料・使用水	水道水 非汚染水 市販飲料				

（ポイント）汚染された食品、汚染の分からない食品を摂取しない。栄養バランスをとることで放射性物質の余計な吸収・蓄積を防ぐ。
たくさん食べるものは特に汚染のないものを選ぶ。キノコ、山菜、野生の肉、事故後すぐの葉菜やミルクは特に注意。
汚染程度の不明な家庭菜園の野菜などは避ける。ヨウ素被ばくが心配な時期は、昆布出汁を積極的に調理に利用するとよい。

乳児の摂取	母　乳	粉ミルク（水道水）	粉ミルク（ボトル水）	液体ミルク
	＿＿＿＿＿＿ 回	＿＿＿＿＿＿ ml	＿＿＿＿＿＿ ml	＿＿＿＿＿＿ ml

購入した食材	量（g）	産　地	購入した食材	量（g）	産　地

メモ：事故状況や汚染状況などのニュース内容や、避難内容など

年　　　月　　　日

	天気	
	風向き	

過ごした場所		種　類	時　間	マスク	ゴーグル	空間放射線量（μSv/h） 地上1m	地表面
住宅		鉄筋コン・木造		有・無	有・無		
移動		車・自転車・電車		有・無	有・無		
外出先の施設		鉄筋コン・木造		有・無	有・無		
外（庭・公園など）				有・無	有・無		

食事	朝　食	間　食	昼　食	間　食	夕　食
メニュー	自炊 ・ 外食		自炊 ・ 外食		自炊 ・ 外食
使用食材/産地					
飲料・使用水	水道水				
	非汚染水				
	市販飲料				

（ポイント）汚染された食品、汚染の分からない食品を摂取しない。栄養バランスをとることで放射性物質の余計な吸収・蓄積を防ぐ。
　　　　　たくさん食べるものは特に汚染のないものを選ぶ。キノコ、山菜、野生の肉、事故後すぐの葉菜やミルクは特に注意。
　　　　　汚染程度の不明な家庭菜園の野菜などは避ける。ヨウ素被ばくが心配な時期は、昆布出汁を積極的に調理に利用するとよい。

乳児の摂取	母　乳	粉ミルク（水道水）	粉ミルク（ボトル水）	液体ミルク
	_____回	_____ml	_____ml	_____ml

購入した食材	量（g）	産　地	購入した食材	量（g）	産　地

メモ：事故状況や汚染状況などのニュース内容や、避難内容など

		天気	
		風向き	

年　　月　　日

過ごした場所		種　類	時　間	マスク	ゴーグル	空間放射線量 (μSv/h) 地上 1m	地表面
住宅		鉄筋コン・木造		有・無	有・無		
移動		車・自転車・電車		有・無	有・無		
外出先の施設		鉄筋コン・木造		有・無	有・無		
外（庭・公園など）				有・無	有・無		

食事	朝　食		間　食	昼　食		間　食	夕　食	
メニュー	自炊　・　外食			自炊　・　外食			自炊　・　外食	
使用食材 / 産地								
飲料・使用水	水道水							
	非汚染水							
	市販飲料							

(ポイント) 汚染された食品、汚染の分からない食品を摂取しない。栄養バランスをとることで放射性物質の余計な吸収・蓄積を防ぐ。
たくさん食べるものは特に汚染のないものを選ぶ。キノコ、山菜、野生の肉、事故後すぐの葉菜やミルクは特に注意。
汚染程度の不明な家庭菜園の野菜などは避ける。ヨウ素被ばくが心配な時期は、昆布出汁を積極的に調理に利用するとよい。

乳児の摂取	母　乳	粉ミルク（水道水）	粉ミルク（ボトル水）	液体ミルク
	_____ 回	_____ ml	_____ ml	_____ ml

購入した食材	量 (g)	産　地	購入した食材	量 (g)	産　地

メモ：事故状況や汚染状況などのニュース内容や、避難内容など

2022 年 11 月 15 日

	天気	はれ
	風向き	北

	過ごした場所	種類	時間	マスク	ゴーグル	空間放射線量(μSv/h) 地上1m	地表面
住宅	自宅	鉄筋コン・(木造)	20時間	有・(無)	有・無	1	0.9
移動		車・(自転車)・電車	30分	(有)・無	有・無	不明	不明
外出先の施設	小学校	(鉄筋コン)・木造	3.5時間	(有)・無	有・無	不明	不明
外(庭・公園など)	○○公園		1時間	(有)・無	有・無	1	3

食事	朝 食	間 食	昼 食	間 食	夕 食
メニュー	(自炊)・外食		自炊・(外食)		(自炊)・外食
	ごはん	コーヒー	カレー	ポテトチップス	ごはん
	味噌汁(豆腐・粕ぎ)		サラダ	じゃがいも / 北海道	とんカツ
	卵焼き		チャイ		ハンバーグ
使用食材 / 産地	ネギ / 千葉県		レタス / 不明		大根 / 栃木県
	豆腐 / 大豆カナダ産		キュウリ / 不明		人参 / 群馬県
	卵 / 長野県		トマト / 不明		サツマイモ / 茨城県
	白菜 / 新潟県		羊肉 / 不明		豚肉 / ニュージーランド産
	昆布 / 北海道		牛乳 / 不明		白菜 / 新潟県
			ナン / 不明		昆布 / 北海道
飲料・使用水	(水道水)	市販飲料			
	非汚染水				
	市販飲料				

（ポイント）汚染された食品、汚染の分からない食品を摂取しない。栄養バランスをとることで放射性物質の余計な吸収・蓄積を防ぐ。
たくさん食べるものは特に汚染のないものを選ぶ。キノコ、山菜、野生の肉、事故後すぐの葉菜やミルクは特に注意。
汚染程度の不明な家庭菜園の野菜などは避ける。ヨウ素被ばくが心配な時期は、昆布出汁を積極的に調理に利用するとよい。

乳児の摂取	母 乳	粉ミルク(水道水)	粉ミルク(ボトル水)	液体ミルク
	5 回	400 ml	ml	ml

購入した食材	量(g)	産 地	購入した食材	量(g)	産 地
ホウレンソウ	200g	千葉県			
鮭	5切れ	北海道			
牛乳	1L	北海道			
人参	500g	茨城県			

メモ：事故状況や汚染状況などのニュース内容や、避難内容など

たとえば、
○○市のホウレンソウからヨウ素 1000 ベクレル /kg が検出
子どもの体育はグラウンドで実施。（3 時間目）
▲月■日 ●時にヨウ素剤を服用

参考文献

胎児・乳幼児への放射線影響

『放射線による健康影響等に関する統一的な基礎資料（平成29年度版）』環境省／『妊産婦（胎児）・小児に対する放射線影響に関する主な知見の整理（案）』食品安全委員会、第6回 放射性物質の食品健康影響評価に関するワーキンググループ 資料6、2011年6月30日

食品の放射性物質除去

『福島第一原発事故によって汚染された野菜に付着した放射性物質の除去法に関する中間報告』日本放射線安全管理学会 放射性ヨウ素・セシウム安全対策アドホック委員会 野菜分析班、2011年8月10日／『環境パラメータ・シリーズ4増補版（2013年）食品の調理・加工による放射性物質の除去率 ―我が国の放射性セシウム除去率データを中心に―』、平成25年12月改定、公益財団法人原子力環境整備促進・資金管理センター

ホットスポット

『個人住宅を対象とするホットスポット発見/除染マニュアル』日本放射線安全管理学会、2011年7月29日

内部被ばくの検査

『内部被ばく検査におけるQ&A』国立研究開発法人日本原子力研究開発機構、平成30年10月1日改訂版、平成24年2月1日初版

安定ヨウ素剤

『安定ヨウ素剤の配布・服用に当たって』原子力規制庁 放射線防護企画課、令和元年7月21日／"Iodide Prophylaxis in Poland After the Chernobyl Reactor Accident: Benefits and Risks" Janusz Nauman et al, The American Journal of medicine(94)May 1993.／『日本食品標準成分表2020年版（八訂）』文部科学省 科学技術・学術審議会資源調査分科会報告、令和2年12月／『【ヨウ素剤配布】備蓄生かされず 情報伝達が不十分 市町村は対応に混乱』福島民報、2012年3月5日

原発事故がおこったら

『原子力災害対策指針』原子力規制委員会、令和4年7月6日／『こんな時どうする？原子力発電所で事故が起こったら～紙上シミュレーション～』日本原子力文化財団、原子力総合パンフレット 2021年度版／『原子力災害発生時の防護措置—放射線防護対策が講じられた施設等への屋内退避—について暫定版』内閣府(原子力防災担当)、日本原子力研究開発機構 原子力緊急時支援・研修センター、令和2年3月/平成29年度 安全研究センター報告会資料『屋内退避による被ばく低減効果の評価』廣内淳(日本原子力研究開発機構)、平成29年11月29日／『私たちは避難できるのか 原子力災害編』 原発を再稼働させない柏崎刈羽の会、2022.3月/『全災害対応! 子連れ防災 BOOK 1223人の被災ママパパと作りました』NPO法人ママプラグ、祥伝社、平成31年／『その時ママがすることは？被災地のママの声から学ぶ子どものいのちを守る防災』(社)スマートサバイバープロジェクト スマートアクションチーム/『コネティカット州原子力発電所非常事態対策ガイド(日本語訳)』小金井市に放射能測定室を作った会、1999年／『T家の原子力事故避難マニュアル』小金井市に放射能測定室を作った会、2003年

マスク

『乳幼児のマスク着用の考え方』公益財団法人日本小児科学会、2020年6月11日(2021年4月14日更新)

衣類の洗浄

第8回 JRSM 6月シンポジウム『福島第一原発事故による被服類の放射性物質による汚染状況およびそれらの洗濯等による除去効果』日本放射線安全管理学会 放射性ヨウ素・セシウム安全対策アドホック委員会 被服分析班 中里 一久 他

水道水

『水道水における放射性物質対策中間とりまとめ』厚生労働省 水道水における放射性物質対策委員会、平成23年6月

9 784906 737123

1 920036 003006

ISBN 978-4-906737-12-3
C0036 ￥300
定価 300円＋税
原子力資料情報室

2023年3月発行

フリーペーパー『別冊TWO SCENE』
カラフルで手に取りやすいビジュアル。若い方にも読んでもらえたらうれしいです。学習会の配布物としてもご活用ください。
HPからダウンロード、または郵送でのお届けができます。
▶▶https://cnic.jp/category/cat010/twoscene

会員募集
当室は皆様からの会費や寄付で支えられています。
会員の皆様には原子力資料情報室通信、
別冊TWO SCENEやCNICからの情報をお届けします。
▶▶https://cnic.jp/support/register

発行：認定特定非営利活動法人　原子力資料情報室
〒164-0011　東京都中野区中央2-48-4小倉ビル1階
TEL：03-6821-3211　FAX：03-5358-9791
URL：https://cnic.jp　E-mail：cnic@nifty.com

Twitter
CNICJapan

YouTube
CNICJapan

Facebook
CNICJapan